はしがき

この車庫付き中・高層建築物は特に都会部等、この車社会の時代に、満足に駐車場所が確保出来ない現状で、これらの諸問題を解決すべく方法です。

都会では、電車網が発達している故交通の便はいいですが、何しろ車社会です。例えば、マンションの10階に住んでいる人が、車を所有していても、駐車場を確保する為に数時間もかかって車を取りに行くとか、都心の超高層ビルのあるオフィスを尋ねるのに、公共駐車場に車を置き、そこからまた電車に乗ってというような話もよく耳にします。また、車を手元で管理出来ない為、車上荒し等の犯罪に対し、常に心を痛めていなければならない。　これらに関する方法を全てクリアした。

牧野真一

Preface

A building with this depot is the current state for which it can't be reserved satisfactorily the time of this motorized society at the parking lot in particular at a city, and is a way to settle these miscellaneous problems. The late transportation from which a train and the subway are developed is good at a city, but anyhow it's motorized society. For example even if the person who lives on the 10th floor of the apartment possesses a car, it takes several hours, and I often also hear the talk such as go to take a car, put a car in the parking lot in asking an office with a skyscraper in downtown and take a train again from there to reserve a parking lot. I always have to be worried to the crime for wasting in the car because a car can't be managed by hand. All ways about these were cleared.

Shin-ichi Makino

目 次

1 日本語解説

1，車庫付き高層建物（イラスト解説）・・・・・・・・・・・・・・・・・・・・・・・・・・・・・・・・・・・・5

　⑴　各階に車庫と住居またはオフィス

　⑵　宣伝表現

2、車を手元で管理、車上荒し等の犯罪防止・・・・・・・・・・・・・・・・・・・・・・・・・・・・6

　⑴　各階の住居またはオフィスの玄関から容易に監視できるので防犯効果が期待

　⑵　各階の住民によるセキュリティー効果が期待できる。

　⑶　宣伝表現

3、マンションの各階の自宅の車庫まで、車を乗り付けできる便利さ・・・・・・・・・・・7

　⑴　1階の昇降機出入り口から昇降機ボックスに進入し、目的の各階の～

　⑵　宣伝表現

4，螺子状の螺旋回動昇降・・8

　⑴　詳細の説明表現（明細書などの引用禁止）

5，螺子状の螺旋回動昇降車両円筒ボックス・・・・・・・・・・・・・・・・・・・・・・・・・・・・9

　⑴　詳細の説明表現（明細書などの引用禁止）

6，停電の場合の利用方法・・10

　⑴　詳細の説明表現（明細書などの引用禁止）

7，地震による建物破損時の脱出方法・・・・・・・・・・・・・・・・・・・・・・・・・・・・・・・・11

　⑴　詳細の説明表現（明細書などの引用禁止）

2 英語解説・・13

3 中国語解説・・・21

4 ドイツ語解説・・・29

5 フランス語解説・・・37

1 日本語解説

1，車庫付き高層建物（イラスト解説）

(1) 各階に車庫と住居またはオフィス

各階の住居またはオフィスの玄関から容易に出入りできる場所に駐車場（車庫）が設置された建物。

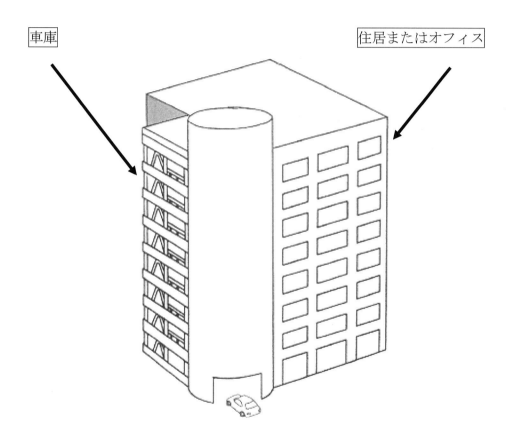

(2) 宣伝表現

各階に車庫付きマンション

各階に車庫（駐車場）付きマンション

階に車庫（駐車場）付きビル

2、車を手元で管理、車上荒し等の犯罪防止

⑴　各階の住居またはオフィスの玄関から容易に監視できるので防犯効果が期待できる。

　　各階の見渡せる車庫（駐車場）により、頻繁に自動車の出入りあり、車両の監視が強化される。

⑵　各階の住民によるセキュリティー効果が期待できる。

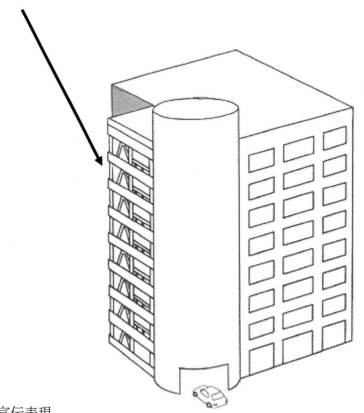

各階の見渡せる車庫（駐車場）

⑶　宣伝表現

　　各階の車庫が見渡せるセキュリティー

　　各階の駐車場が見渡せるセキュリティー

　　各階の駐車場（車庫）が見渡せる監視

3、マンションの各階の自宅の車庫まで、車を乗り付けできる便利さ

⑴　1階の昇降機出入り口から昇降機ボックスに進入し、目的の各階のボタンを押し、目的の階に付いたら扉が開き、車を車庫に入れる。

目的の階に付いたら扉が開き、車の車庫入れ

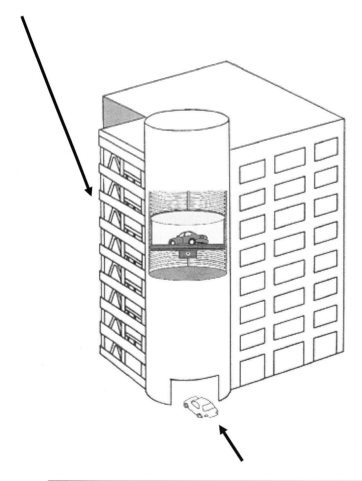

1階の昇降機出入り口から昇降機ボックスに進入し

⑵　宣伝表現

各階の高層マンション、駐車場の車が自己管理出来る

各階の高層マンション、車庫の車が自己管理出来る

4，螺子状の螺旋回動昇降

⑴　詳細の説明表現（明細書などの引用禁止）

　　円筒形の内側面に螺子状の螺旋を設け、該螺旋状の内側面の上下に複数個の縦溝を設けてなる昇降機の円筒、この昇降機の円筒内に車両が昇降する円筒ボックスを設ける。この円筒ボックスの床面下に回動する円盤とモーターを設け、モーター本体は円筒ボックスに固定されている。モーターが回転すると円盤が回動し、円筒ボックスが昇降する。

　　円筒ボックスの外周側面に回動防止のストッパーを設ける。前記の縦溝にストッパーが嵌合し、円筒ボックスが回動することなく昇降する。

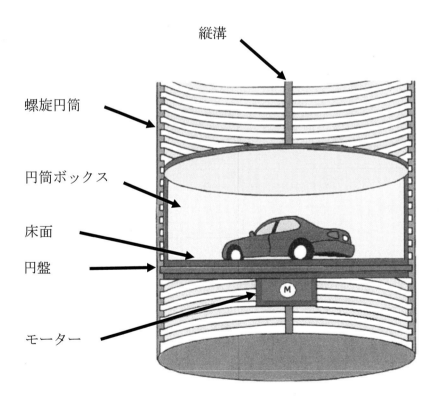

5，螺子状の螺旋回動昇降車両円筒ボックス

(1) 詳細の説明表現（明細書などの引用禁止）

　円筒形の内側面が螺子状の螺旋で形成された溝に円筒ボックスを昇降させる円盤が回動する構成であるから重量車両もスムーズに昇降できる。

　また、既存の車両昇降機の構成と異なる。例えば、ラックとピニオンによる歯車の摩耗を発生させる構成でないこと。

　ワイヤで吊るす構成でないからワイヤが切れて落下することがない。

　メンテナンス（保守管理）に於いても、既存の昇降機のように歯車による摩耗点検、ワイヤ、チェンなどの点検も無い。点検が必要とされる保守管理は、モーターと円盤の歯車のグリスアップ、更に螺子上の螺旋溝と円盤のグリスアップである。

　その他、出入口の開閉扉であるが、これらは既存の昇降機と同様の保守管理を必要とする。

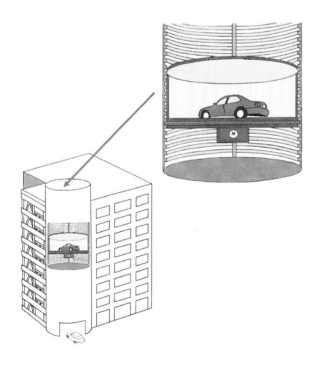

6．停電の場合の利用方法

⑴　詳細の説明表現（明細書などの引用禁止）

　　昇降中の停電に於いて、円筒ボックス内の非常灯が点灯したら自動車からの電源コードを円盤を回動させるモーターのコードに接続する。

　　昇降中の停電時は、自動車からの電源コードを円盤を回動させるモーターのコンセントに接続する。

　　昇降中の停電に於いて、自家発電に自動的に切替るシステムを採用しているから安心。

　　昇降中の停電に於いて、自家発電に手動で切替るシステムを採用しているから安心。

　　昇降中の停電に於いては、自家発電に手動で切り替える。

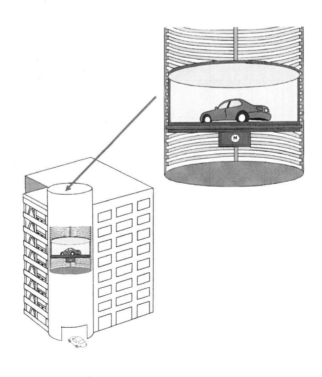

7．地震による建物破損時の脱出方法

(1) 詳細の説明表現（明細書などの引用禁止）

　　円筒ボックスが停止したら円筒ボックス内の出入口の開閉扉を手動で開ける。停止された位置が上下階の中間であっても、各階の開閉扉は内側から手動で開けることができるから脱出が容易である。

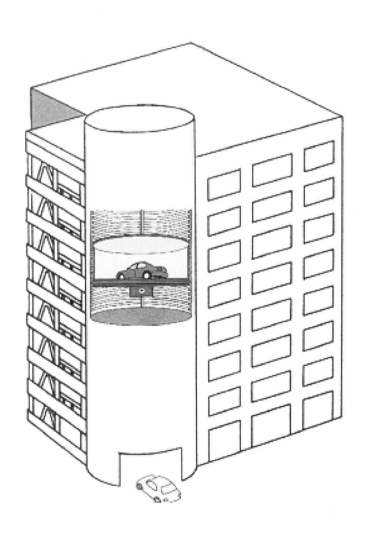

2　英語解説

English commentary

1,

High-rise building (illustration commentary) with the garage

(1)

On each floor, depot and housing or office

There is a garage in the place that can go in and out of the entrance of each floor

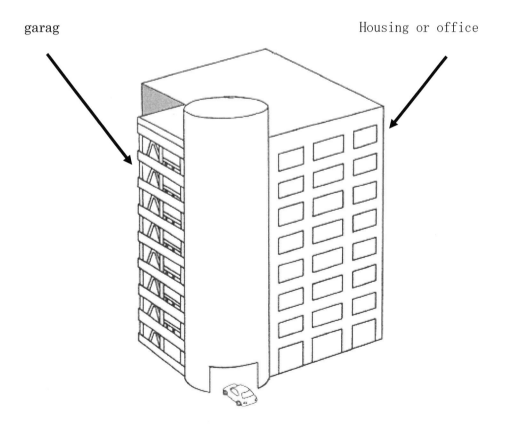

garag　　　　　　　　　　　　　　　Housing or office

(2)

Advertising expression

 On each floor, apartment with a garage

 It is the apartment with the garage (parking lot) in each floor

 It is the building with the garage (parking lot) in the floor

2、

A car, direct management and criminal prevention

(1)

You can watch from a front door of each floor.

It is strengthened the monitoring at a parking lot to be able to look around

(2)

Monitoring reinforcement by inhabitants

 Parking lot to be able to look around

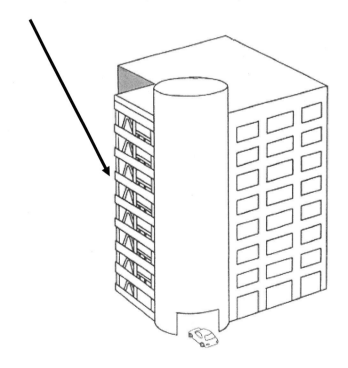

(3)

Advertising expression

    Security to be able to look around the garage of each floor

    Security to be able to look around the parking lot of each floor

    Monitoring to be able to look around the parking lot (garage) of each floor

3、

The convenience which can drive a car up to the Garage in a home on each floor of the apartment

(1)

A door enters an elevator machine box from an entrance and exit way on the 1st floor and presses a button of the purpose, and if it sticks to a floor of the destination, opens, and a car is put in a Garage.

    If it sticks to a floor of the destination, a door opens, Garage insertion

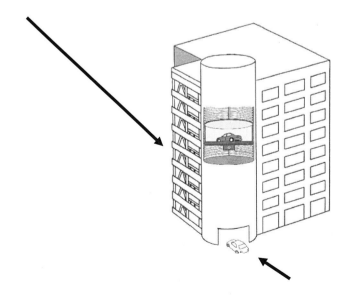

    It is penetrated from a doorway of the first floor by an elevator box

(2)

Advertising expression

    I can manage the high-rise apartment of each floor, the car of the parking lot by oneself

    A car in a high-rise apartment and a Garage on each floor can self-manage.

4、

Screw-like spiral revolving ascent and descent

(1)

Explanation expression (quotation such as detailed statements is prohibited in it) of the details

A screw-like spiral is set up to a cylindrical inside face.

The cylinder of the elevator which made several pods up and down of a spiral in

A vehicle installs the cylinder box which goes up and down in the cylinder of this elevator machine.

The disk which revolves under the floor of this cylinder box and moves and a motor are installed.

The motor body is fixed on a cylinder box.

When a motor revolves, a disk revolves and moves, and a cylinder box goes up and down.

A stopper of revolving prevention is installed in the peripheral flank of the cylinder box.

A stopper enters the above-mentioned crease, and a cylinder box doesn't revolve and moves up and down.

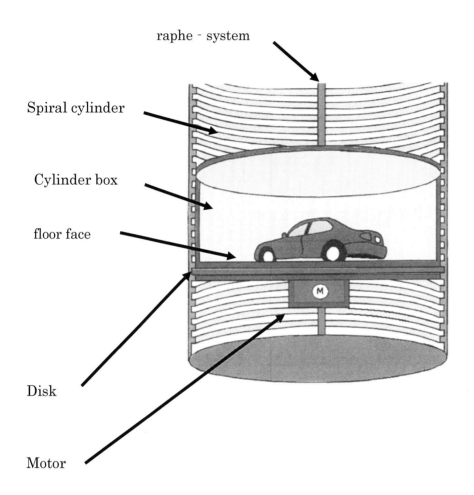

5、

Screw-like spiral revolving ascent and descent vehicle cylinder box

(1)

Explanation expression (quotation such as detailed statements is prohibited in it) of the details

Because a disk letting a cylinder box go up and down in a ditch formed of a screw-formed spiral turns, and a cylindrical inboard surface moves, the weight vehicle can go up and down smoothly.

It's different from the construction of the vehicle elevator machine of existence. For example be not the composition which makes wear of a gear by a rack and a pinion occur.

Because it isn't the composition hung by a wire, there are no cases that a wire breaks and falls.

There are also no wear check by a gear and check of a wire and Chen like an elevator machine of existence of maintenance (maintenance).

The maintenance management that check is required improves a motor and the grease of the gear of the disk and is the spiral ditch on the screw and the grease up of the disk more.

In addition, it is the opening and shutting door of the doorway, but these need the maintenance management like the existing elevator.

6,

Usage in case of the blackout

(1)

Explanation expression (quotation such as detailed statements is prohibited in it) of the details

If non-all-night light in the cylinder box lights up of the blackout going up and down, power cord from a car is connected to cable of the motor which makes a disk revolve.

At the time of the blackout going up and down, I connect the power supply cord from a car to the outlet of the motor to turn a disk, and to move.

Because the system to change to private generation of electricity automatically is adopted of the blackout going up and down, I'm relieved.

Because the system to change to private generation of electricity manually is adopted of the blackout going up and down, I'm relieved

In the blackout going up and down, I change it to home generation of electricity by manual operation.

7,

Escape method at the time of the building damage caused by the earthquake

(1)

Explanation expression (quotation such as detailed statements is prohibited in it) of the details

If a cylinder box stops, I open the opening and shutting door of the doorway in the cylinder box by manual operation.

Even if a stopped position is the middle of the top and bottom floor, escape is easy because the opening and shutting door of each floor can open out by manual operation from the inside.

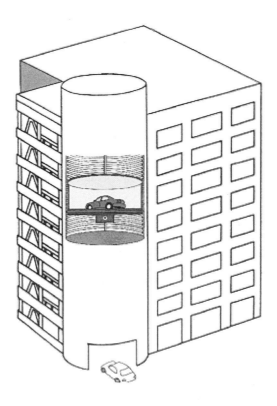

3 中国語解説

中文解说

1、

车库附着高层建筑物(插图解说)

在各层的住所或从办公室的门口能容易地进出的地方停车场(车库)被设置的建筑物。

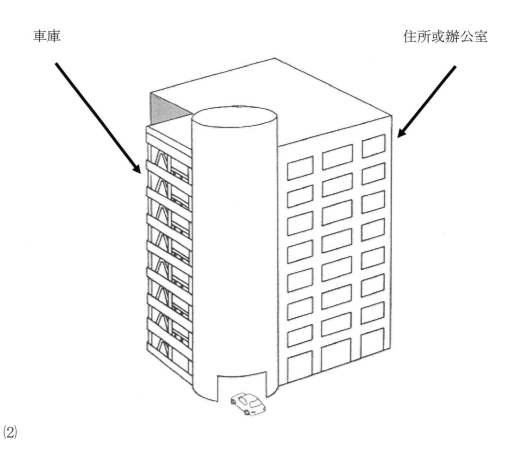

車庫　　　　　　　　　住所或辦公室

(2)

宣传表达

為各層車庫附著高級公寓

為各層車庫(停車場)附著高級公寓

為層車庫(停車場)附著大樓

2、

直接管理车，防止犯罪

⑴

從各層的門口能監視

在能縱覽的停車場監視的強化

⑵

由居民的監視強化

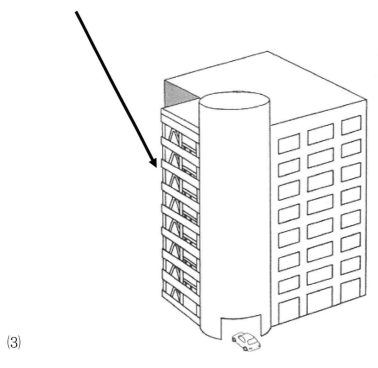

能縱覽的停車場

⑶

宣传表达

各層的車庫能縱覽的安全

各層的停車場能縱覽的安全

各層的停車場(車庫)能縱覽的監視

3、

能够乘车到公寓的各阶的自己的家的车库乘车的便利

⑴

如果從1層的出入口進入升降機箱，按目的的按鈕，目的的層附有門開，把車放入車庫。

当被置于了目标阶的时候，门开，有车库

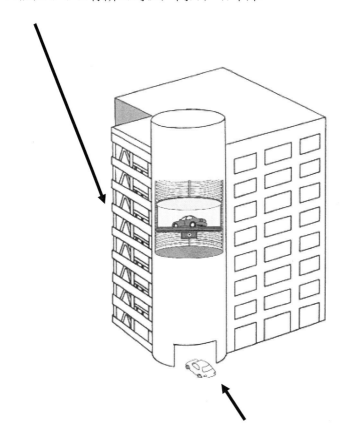

被从1楼的出入口电梯箱进入

⑵

宣传表达

各阶的高层高级公寓，停车场的车有自我管理

各阶的高层高级公寓，车库的车有自我管理

23

4，

螺钉状螺旋转动升降

(1)

详细的说明表达(清单的引用禁止)

在圆筒形的内侧表面设定螺钉状螺旋。

螺旋状的内侧表面的上下设立几个纵沟的电梯的圆筒。

设立车辆这个电梯的圆筒里升降的圆筒箱。

设立下面在这只圆筒箱的地板周围转动的圆盘和马达。

马达本体被固定在圆筒箱上。

电动机转动的话铁饼转动动，圆筒箱升降。

在圆筒箱的外周侧面设立旋转防止的制动器

不制动器在上述的纵沟，圆筒箱旋转而上下移动

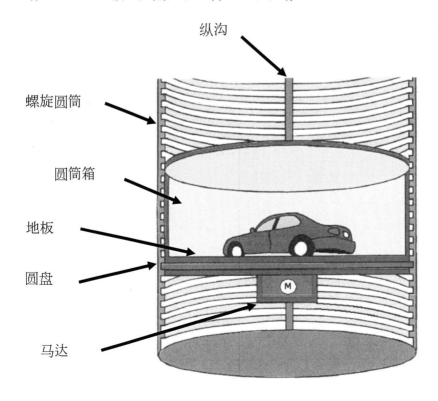

5，

螺钉状螺旋旋转升降车辆圆筒箱

(1)

详细的说明表达(清单的引用禁止)

因为让圆筒箱在圆筒形的内侧表面被用螺钉状螺旋形成的沟上下移动的圆盘旋转,动所以重量车辆也能顺利上下移动。

另外，和已有的车辆电梯的构成不一样。 比方说是不作为使框和利用副齿轮的齿轮的磨耗发生的构成。

没有不是用电线吊绳不在家构成电线断掉下。

在维护(保守管理)，没有像已有的电梯那样也也利用齿轮的磨耗点检，电线，陈等的点检。

点检被需要的保守管理提高马达和圆盘的齿轮的油脂，更加是螺钉上的螺旋槽和圆盘的油脂提高。

另外，是出入口的开闭门，但是这些需要与已有的电梯同样的保守管理。

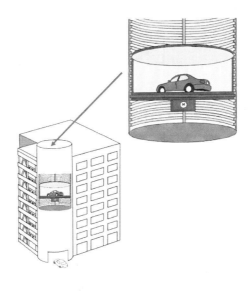

6,

停电情况下的使用方法

(1)

详细的说明表达(清单的引用禁止)

当圆筒箱里面的非常灯亮了的时候，在升降中的停电，把始自于汽车的电源线同使圆盘旋转的马达的编码连接。

升降中的停电时，同使圆盘旋转，移动的马达的插座把始自于汽车的电源线连接。

在升降中的停电，采用着自动地改换为自己发电的系统放心。

在升降中的停电，采用着手动改换为自己发电的系统放心。

在升降中的停电，为自己发电手动转换。

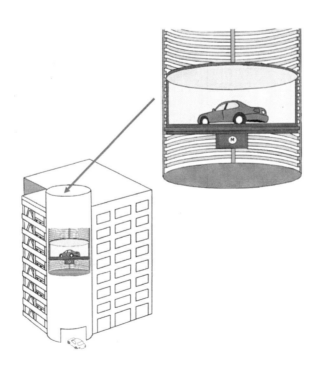

7,
由地震的建筑物破损时的逃出方法

(1)

详细的说明表现（清单等的引用禁止）

当圆筒箱停止了的时候，用手动打开圆筒箱里面的出入口的开闭门。

即使被停止的位置是上下阶的中间也，在各阶的开闭门，因为能用手动从内侧打开所以逃脱容易。

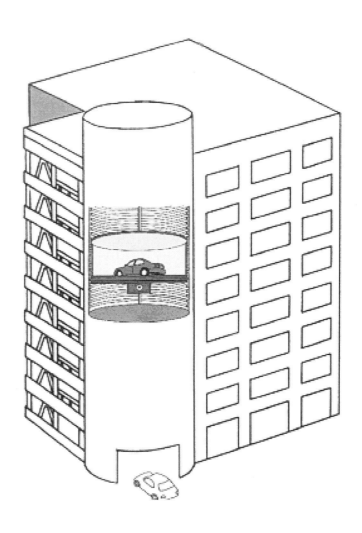

4 ドイツ語解説

Deutscher Kommentar

1,

Hochhaus (Illustrationskommentar) mit der Werkstatt

(1)

Es ist eine Werkstatt und ein Haus oder ein Büro in jedem Fußboden

Es gibt eine Werkstatt im Platz, der hineingehen kann und aus dem Eingang jedes Fußbodens

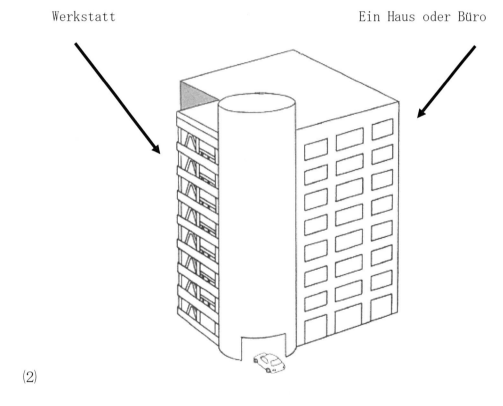

Werkstatt　　　　　　　　　　　　　　　　Ein Haus oder Büro

(2)

Werbeausdruck

Es ist die Wohnung mit der Werkstatt in jedem Fußboden

Es ist das Gebäude mit der Werkstatt (Parkplatz) im Fußboden

2、

Management direkt mit dem Auto, Verhinderung des Verbrechens

(1)

Ich kann es vom Eingang jedes Fußbodens beobachten

Es wird die Überwachung an einem Parkplatz gestärkt, um im Stande zu sein, sich umzusehen

(2)

Die Überwachung der Verstärkung durch Einwohner

Parkplatz, um im Stande zu sein, sich umzusehen

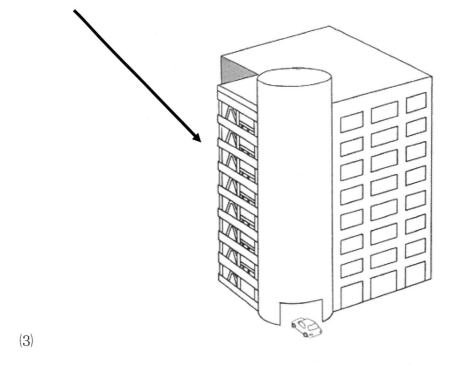

(3)

Werbeausdruck

Sicherheit, um im Stande zu sein, die Werkstatt jedes Fußbodens zu betrachten

Sicherheit, um im Stande zu sein, die Werkstatt jedes Fußbodens zu betrachten

3、

Zur Hauswerkstatt jedes Fußbodens der Wohnung ist es die Bequemlichkeit, die ich mit dem Auto reite, und es gibt

(1)

Ich komme in einem Aufzug-Kasten aus der Türöffnung des Erdgeschosses und stoße den objektiven Knopf, und eine Tür öffnet sich, wenn der objektive Fußboden begleitet wird und ein Auto in einer Werkstatt stellt.

Wenn es es im objektiven Fußboden gibt, öffnet sich eine Tür, und eine Werkstatt wird enthalten

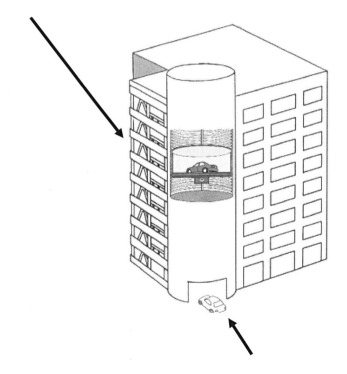

Darin wird von der Türöffnung des Erdgeschosses durch einen Aufzug-Kasten eingedrungen

(2)

Werbeausdruck

Ich kann die Hochwohnung jedes Fußbodens, das Auto des Parkplatzes durch sich führen

Ich kann die Hochwohnung jedes Fußbodens, das Auto der Werkstatt durch sich führen

4,

Das Schraube-gebildete Spirale-Drehen, das oben und unten geht

(1)

Erklärungsausdruck (wird Kostenvoranschlag wie ausführlich berichtete Behauptungen darin verboten), der Details

Der Zylinder des Aufzugs, der mehrere Schoten oben und unten der Spirale innenbords gemacht hat, erscheint.

Ich setze den Zylinderkasten ein, wohin ein Fahrzeug oben und unten im Zylinder dieses Aufzugs geht.

Ich setze eine Platte und den Motor ein, die sich unter dem Fußboden dieses Zylinderkastens und der Arbeit drehen.

Der Motorkörper wird zum Zylinderkasten befestigt.

Wenn sich ein Motor dreht, dreht sich eine Platte, und Bewegung, ein Zylinderkasten geht oben und unten.

Ich mache einen Pfropfen der Drehverhinderung für die Kreisumfang-Seite des Zylinderkastens.

Ich bewege mich vertikal ohne einen Pfropfen, der in der obengenannten Schote und einem Zylinderkasten-Drehen ist

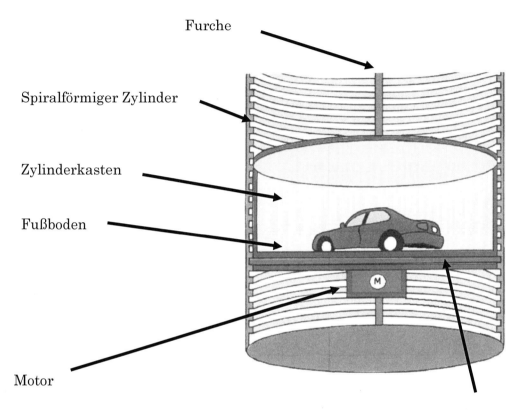

5,

Spiralförmige Umdrehung, die auf und ab im Fahrzeugzylinderkasten geht

Erklärungsausdruck (wird Kostenvoranschlag wie ausführlich berichtete Behauptungen darin verboten), der Details

Weil ein Kreisfußboden, der eine einer Spirale gebildete Rinne lässt, erhebt oder einen Zylinderkasten Umdrehungen senkt, und sich eine zylindrische Innenbordoberfläche bewegt, kann das Gewicht-Fahrzeug oben und unten glatt auch gehen.

Eine Stahlseilklemme wird geschnitten und fällt nicht.

In der Wartung (Wartungsmanagement) gibt es nicht das Abreiben checkt mit dem Zahnrad, die Kontrolle wie Leitung, Chan wie ein vorhandener Aufzug auch auch.

Das Wartungsmanagement, dass Kontrolle erforderlich ist, verbessert einen Motor und das Fett des Zahnrades der Platte und ist die spiralförmige Rinne auf der Schraube und dem Fett der Platte mehr.

Außerdem ist es die Öffnung und das Schließen der Türöffnungstür, aber diese brauchen das Wartungsmanagement wie der vorhandene Aufzug.

6,

Gebrauch im Falle der Gedächtnislücke

(1)

Erklärungsausdruck (wird Kostenvoranschlag wie ausführlich berichtete Behauptungen darin verboten), der Details

Die Gedächtnislücke, die oben und unten geht, verbindet die Macht-Versorgungsschnur von einem Auto bis die Schnur des Motors.

Zur Zeit der Gedächtnislücke, die oben und unten geht, verbinde ich die Macht-Versorgungsschnur von einem Auto bis den Ausgang des Motors.

Die Gedächtnislücke, die oben und unten geht, ist ein System für die Hausgeneration der Elektrizität

Weil ich das Umgruppieren System durch die manuelle Operation wegen der Hausgeneration der Elektrizität in einer Gedächtnislücke annehme, die oben und unten geht, bin ich zuverlässig.

In der Gedächtnislücke, die oben und unten geht, ändere ich es zur Hausgeneration der Elektrizität durch die manuelle Operation.

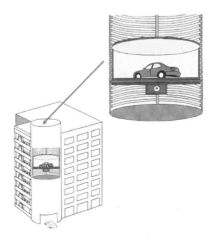

7,

Die Flucht-Methode zur Zeit des Bauschadens durch das Erdbeben verursacht

(1)

Erklärungsausdruck (wird Kostenvoranschlag wie ausführlich berichtete Behauptungen darin verboten), der Details

Wenn ein Zylinderkasten anhält, öffne ich die Öffnung und das Schließen der Türöffnungstür im Zylinderkasten durch die manuelle Operation.

Selbst wenn eine angehaltene Position ein Zwischenraum in einer Spitze und unterstem Fußboden ist, ist Flucht leicht, weil sich die Öffnung und das Schließen jeder Fußboden-Tür durch die manuelle Operation von innen ausbreiten können.

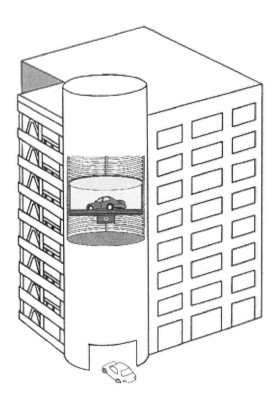

5 フランス語解説

Commentaire français

1,

Bâtiment dans une tour (commentaire d'illustration) avec le garage

(1)

C'est un garage et une maison ou un bureau dans chaque plancher

Il y a un garage dans l'endroit qui peut entrer et de l'entrée de chaque plancher

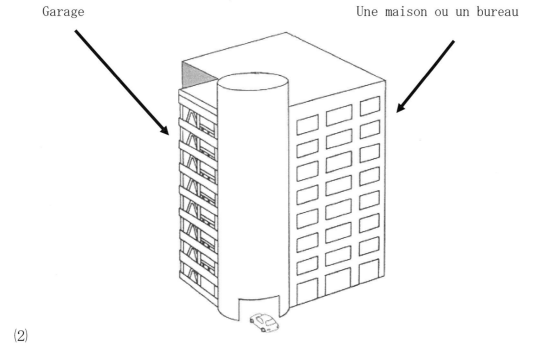

Garage　　　　　　　　　　　　　　　　Une maison ou un bureau

(2)

Expression de publicité

C'est l'appartement avec le garage dans chaque plancher

C'est l'appartement avec le garage (le parking) dans chaque plancher

C'est le bâtiment avec le garage (le parking) dans le plancher

2、

Direction directe en voiture, prévention de crime

(1)

Je peux le regarder de l'entrée de chaque plancher

Il est renforcé la surveillance à un parking pour être capable de se retourner

(2)

La surveillance du renforcement par les habitants

Le parking pour être capable de se retourner

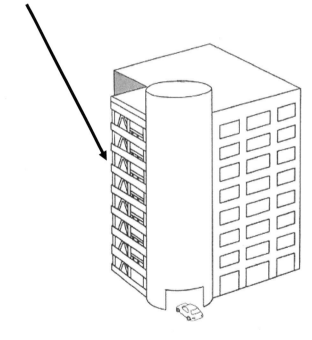

(3)

Expression de publicité

La sécurité pour être capable de visiter le garage de chaque plancher

La sécurité pour être capable de visiter le parking de chaque plancher

La surveillance pour être capable de visiter le parking (le garage) de chaque plancher

3、

Au garage de famille de chaque plancher de l'appartement, c'est l'avantage que je monte en haut en voiture et il y a

(1)

J'entre dans une boîte d'ascenseur du porche de rez-de-chaussée et pousse le bouton objectif et une porte s'ouvre si le plancher objectif est accompagné et met une voiture dans un garage.

S'il y a cela dans le plancher objectif, une porte s'ouvre et un garage est contenu

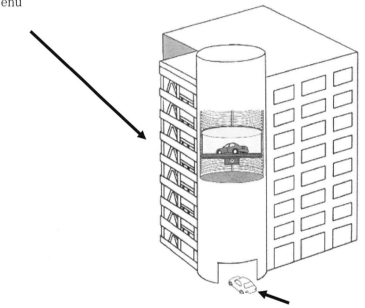

Il est pénétré du porche de rez-de-chaussée par une boîte d'ascenseur

(2)

Je peux diriger l'appartement dans une tour de chaque plancher, la voiture du parking par soi-même

Je peux regarder l'appartement dans une tour de chaque plancher, la voiture du garage

4,

Tournant de spirale formé avec la vis allant en haut et en bas

(1)

L'expression d'explication (la citation telle que les déclarations exposées en détail y est interdite) des détails

J'établis la spirale formée avec la vis dans la surface intérieure cylindrique.

Le cylindre de l'ascenseur qui a fait plusieurs gousses en haut et en bas de la surface intérieure en spirale.

J'établis la boîte de cylindre où un véhicule va en haut et en bas dans le cylindre de cet ascenseur.

J'établis un disque et le moteur qui tournent sous le plancher de cette boîte de cylindre et le travail.

Le corps automobile est fixé à la boîte de cylindre.

Quand un moteur tourne, un disque tourne et le mouvement, une boîte de cylindre va en haut et en bas.

Je fais un bouchon de la prévention rotative pour le côté de circonférence de la boîte de cylindre.

Je bouge verticalement sans un bouchon étant dans la susdite gousse et une boîte de cylindre tournante

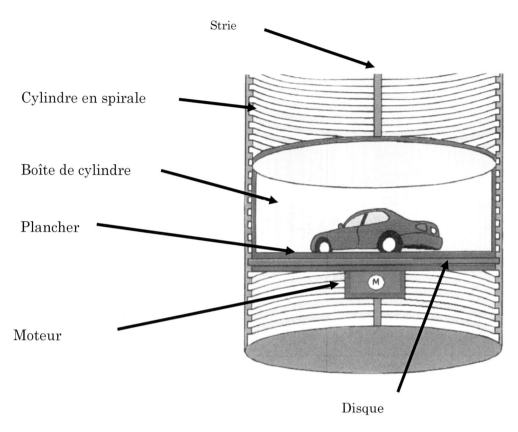

5,

La spirale formée avec la vis tourne le départ en haut et en bas de la boîte de cylindre de véhicule

(1)

L'expression d'explication (la citation telle que les déclarations exposées en détail y est interdite) des détails

Puisqu'un disque permettant à une boîte de cylindre d'aller en haut et en bas dans une cannelure formée d'une spirale formée avec la vis tourne et une surface intérieure cylindrique bouge, le véhicule de poids peut aller en haut et en bas doucement, aussi.

En plus, à la différence d'un ascenseur de véhicule existant. Par exemple, il n'y a pas l'abrasion de l'équipement.

Puisque je ne l'accroche pas avec un fil, un fil coupe et ne tombe pas.

Dans l'entretien (la direction d'entretien), il n'y a pas l'abrasion collationnent l'équipement, la vérification telle que le fil, Chan comme un ascenseur existant, aussi non plus.

La direction d'entretien que la vérification est exigée améliore un moteur et la graisse de l'équipement du disque et est la cannelure en spirale sur la vis et la graisse en haut du disque plus.

En plus, c'est l'ouverture et le fait de fermer la porte de porche, mais ceux-ci ont besoin de la direction d'entretien comme l'ascenseur existant.

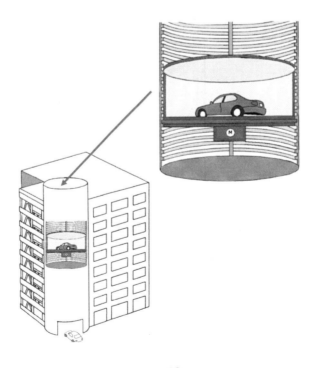

6,

Usage en cas de l'arrêt électrique

(1)

L'expression d'explication (la citation telle que les déclarations exposées en détail y est interdite) des détails

Si la lumière non-de nuit dans la boîte de cylindre allume, dans l'annulation électrique allant en haut et en bas, je raccorde la corde d'alimentation électrique d'une voiture à la corde du moteur tournant un disque.

Au moment de l'annulation électrique allant en haut et en bas, je raccorde la corde d'alimentation électrique d'une voiture à la sortie du moteur pour tourner un disque et bouger.

Dans l'annulation électrique allant en haut et en bas, il remanie le système る pour la génération de famille d'électricité automatiquement.

Un système pour changer en génération de famille d'électricité par l'opération manuelle dans l'annulation électrique allant en haut et en bas.

Dans l'annulation électrique allant en haut et en bas, je le change en génération de famille d'électricité par l'opération manuelle.

7，

La méthode de fuite au moment du dommage de bâtiment provoquée par le tremblement de terre

(1)

L'expression d'explication (la citation telle que les déclarations exposées en détail y est interdite) des détails

Si une boîte de cylindre s'arrête, j'ouvre l'ouverture et le fait de fermer la porte de porche dans la boîte de cylindre par l'opération manuelle.

Même si une position arrêtée est un intervalle dans un haut et un rez-de-chaussée, la fuite est facile parce que l'ouverture et le fait de fermer chaque porte de plancher peuvent s'élargir par l'opération manuelle de l'intérieur.

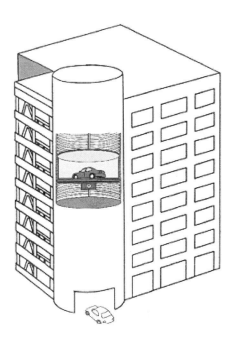

あとがき

車庫付き中・高層建築物

特に都会部等、この車社会の時代に、満足に駐車場所が確保出来ない現状で、これらの諸問題を解決すべく方法です。

都会では、電車網が発達している故交通の便はいいですが、何しろ車社会です。

例えば、マンションの10階に住んでいる人が、車を所有していても、駐車場を確保する為に数時間もかかって車を取りに行くとか、都心の超高層ビルのあるオフィスを尋ねるのに、公共駐車場に車を置き、そこからまた電車に乗ってというような話もよく耳にします。

また、車を手元で管理出来ない為、車上荒し等の犯罪に対し、常に心を痛めていなければならない。

そんな時、マンションの10階(自宅)まで、車を乗り付ける事が出来れば、どんなに便利な事でしょうか。また、介護の車による送迎では特に必要性が重視されるでしょう。

車というものは、直に乗れて、手元で管理出来てこそ価値があり、それこそ、遠いところの駐車場まで取りに行ったりしていたら、車としての機能も勿論、所有の意味が無くなってしまいます。

そこで、これらの問題を解決すべく、且、その為の現状を踏まえ、公開されているものより更なる利点を求めた。

〔方法〕

よく、スーパー等にある立体駐車場で、中階まで車をプールしたり、ある程度の階(全階)まで、同じ様式で目的階まで行き、そこで駐車スペースを設け、そこから自宅なり、事務所へ行く方法は、大手建設会社が、出願しているが、これらは、【駐車場】として捉えており、これでは、【駐車場】としての利用部分が大半で、居住部分が殆ど取れなくなるし、中階でプールする方法は、駐車場部分をまとめてその階に持っていっただけで、余り意味を成さないと思われる。東京等の狭い場所へビルを建て、建蔽率を守りながら建てるとなると、これらの方法では、無理と思われる。

そこで、私は、よく家の軒下や、【車庫】を家の中に設けた家を目にしませんか?その家を積み重ねていけばいいのではないだろうか?後は車をどうやってそこまで持っていくか?だけで、全てが解決出来るのではないだろうか?と考えた。

【車庫】として捉えれば、全て解決できる事に気付いた。

後は、その車の昇降方法だけである。

さて、その一番の問題点は、昇降方法である。色々な方法がある。一番簡単に思い付くのは、エレベータである。しかしこれは、ワイヤで吊っており、車の重量に耐えられるものではない。

パーキングとして、一番多く用いられている方法は、リフト式というか観覧車みたいなやつです。これで、目的階で拾う方法が一番先に考え付いたが、それは、車種が限られてしまい、昨今車高の高い車が増えて来ていて、全然意味を為さなくなってきているのと、乗ったままの状態が保てない為、一番先に除外しました。

その、パーキングで車の向きを変える円盤型の台座、それに乗せたまま昇降させれば、良いのであって、よく修理工場等で、見掛けるのは、ジャッキ式のもの、あのように、油圧で、押し上げるのは、1・2階ならいざ知らず、何十階と上げねばならないのにどうすればいいのか?暫く、良い方法が見当たりませんでした。重量のあるものを上げ下げせねばならないという事は、どうすればいいのか?ということです。しかも、あまりコストのかからない方法で行わねばなりません。そうなると、それ自体を可動式にし、しかもパワーを備えるには、本件を有効にすることであり、要するに、その円盤さら昇降させれば好い訳で、あとはその方法だけの問題。力学的にも、一番効率の好い方法は、いわゆるピストルの中身といっしょで、螺旋構造にし、回転しながら上がり降りするのが、一番良い方法です。しかも、パワーも保てます。

〔今までの問題点とその解消法及び利点〕
1. 立体駐車場の解釈だと、より広大なスペースを要し、余り意味を成さなくなってしまう。従って、小生は【車庫】という表現に拘った。
2. 後付が出来る。
3. 集合住宅だと、マンション等の居住専用になってしまい、オフィス等範囲を広げる為、中・高層建築物とした。
4. 昇降機の外壁も、通気もあり、簡易なものでよく、昇降機そのものだけなのでそんなにコストもかからない。
5. 車を(自宅)まで持っていくことにより、勿論、入口には、セキュリティシステムを設けるため、防犯にもなるし、車を自己管理出来るようになる。
6. 超高層の場合、この方法ならストレートで昇降させることが出来る。
7. 特に、高級車を所有出来る世帯の人等は、こういうシステムならば尚更需要が見込まれる。

最終作成日:平成17年9月11日～17日

牧野真一

車庫付き中・高層建築物等における車等の安全昇降機

定価（本体 1,500 円＋税）

───────────────────────────

２０１５年（平成２７年）１１月２日発行

No.

発行所　IDF（INVENTION DEVLOPMENT FEDERATION）
　　　　発明開発連合会®
メール　03-3498@idf-0751.com　www.idf-0751.com
電話 03-3498-0751㈹
150-8691 渋谷郵便局私書箱第２５８号
発行人　ましば寿一
著作権企画　IDF 発明開発(連)
Printed in Japan
著者　牧野 真一 ©
　　　（まきのしんいち）

───────────────────────────

本書の一部または全部を無断で複写、複製、転載、データーファイル化することを禁じています。

It forbids a copy, a duplicate, reproduction, and forming a data file for some or all of this book without notice.